아이 투 브레인 ①

Eye 눈으로 알고
to 말로 알고
Brain 머리로 아는

꼼꼼하게 관찰하기

이렇게 활용하세요

1 이야기를 읽어요
탐돌이와 똘망이가 탐정 예비학교에서 겪는 모험 이야기가 이 책의 줄거리입니다. 탐돌이와 똘망이 앞에 펼쳐지는 흥미진진한 사건들을 그림과 함께 읽어 보세요. 이야기에 몰입할수록 주어진 상황과 문제에 쉽게 접근할 수 있습니다.

2 문제를 어떻게 해결하는지 살펴보아요
탐돌이와 똘망이가 주어진 문제를 어떻게 풀어 나가는지 살펴보세요. 이때 탐돌이와 똘망이가 하는 말이 문제 해결의 실마리입니다.

3 스스로 탐정 과제를 풀어요
본보기로 주어진 문제 뒤에는 탐정 과제가 따라옵니다. 앞에서 탐돌이와 똘망이가 문제를 어떻게 풀었는지 떠올리고 이를 적용해 탐정 과제를 풀어 보세요.

4 step 1-2-3으로 문제 해결 과정을 살펴보아요
아이투브레인 미션의 문제를 보고, 답을 찾아내기까지 생각의 과정을 짚어 본 다음, 이 과정을 말로 표현해 보세요. 눈으로 보고, 말로 표현하고, 머리로 따져 보며 답을 찾아내는 유추 과정이 아이투브레인 사고력의 핵심입니다.

5 지식 노트로 엄마와 함께 똑똑해져요
엄마 선생님을 위한 지식 노트로 각 미션의 주제에 대한 더 자세한 정보를 얻을 수 있습니다. 해당 미션의 주제가 왜 중요한지, 아이가 어떤 방법으로 이 주제를 익히거나 적용할 수 있는지 등을 알려 주는 페이지입니다.

아이투브레인 사고력 학습에 대해 궁금하신 점이 있으면
현북스 네이버 카페 cafe.naver.com/hyunbooks 에 들어오셔서 질문해 주세요.
엄마들이 아이투브레인 프로그램 개발진, 선생님들과 소통하는 공간입니다.

차례

Mission 1	원, 삼각형, 사각형을 찾아라!	6
Mission 2	꼭꼭 숨은 부분을 맞혀라!	18
Mission 3	형태를 완성하라!	28
Mission 4	빠진 부분을 채워라!	38
Mission 5	숨은 그림을 찾아라!	50
Mission 6	진짜를 찾아라!	62
Mission 7	분해하고 합체하라!	74
Mission 8	선의 비밀을 풀어라!	84

아이투브레인 등장인물

탐돌이가 이제 막 탐정 예비학교에 입학했어요.

탐돌이는 명탐정이 되는 게 꿈이에요.

명탐정은 다른 사람들이 궁금해 하는 많은 것을 스스로 알아낼 수 있어요.

구두 모양만 보고서도 걸을 때 습관을 알 수 있고,

옷소매만 보고서도 점심밥으로 무엇을 먹었는지 알 수 있지요.

탐돌이

털털하고 덜렁거리지만
호기심 많고 용기 있는
탐정 예비학교 학생

똘망이

꼼꼼하고 차분하며
책 읽기와 일기 쓰기를 좋아하는
탐정 예비학교 학생

덜렁덜렁 실수투성이인 탐돌이도 그렇게 될 수 있냐고요?
당연하지요!
탐돌이와 같이 이 책을 끝까지 보고 함께 고민하다 보면
여러분도 꼬마 탐정이 될 수 있어요.
자, 탐정 수업 첫 번째 코스! 시작해 볼까요?

붕붕이

탐돌이와 똘망이를 어디든지
데려다 주는 자동차

머리빛나 선생님

탐돌이와 똘망이에게
이따금 과제를 주는
탐정 예비학교 선생님

원, 삼각형, 사각형을 찾아라!

여기는 도형의 섬!
탐돌이와 똘망이가 드디어 섬에 도착했어요.
"명탐정이 되기 위한 첫 번째 관문! 도형의 섬에 온 것을 환영한다.
여덟 개 미션을 마치고, 성공 도장을 받아야만 여기에서 나갈 수 있다.
이 안경이 너희를 도와줄 것이다."
머리빛나 선생님은 말을 끝내자마자
'신기한 안경'을 쓱 던져 주고는 휙 사라졌어요.

탐돌이는 주섬주섬 안경을 썼어요.

그러자 주변에 있던 사물 몇 가지가 원으로 변했어요!

원으로 변한 것들에 ● 붙임 딱지를 붙여 보세요.

탐돌이가 맨 처음 붙인
붙임 딱지예요.

우리 주변에는 원을 닮은 것들이 아주 많답니다.
삼각형을 닮은 것, 사각형을 닮은 것들도 많지요.

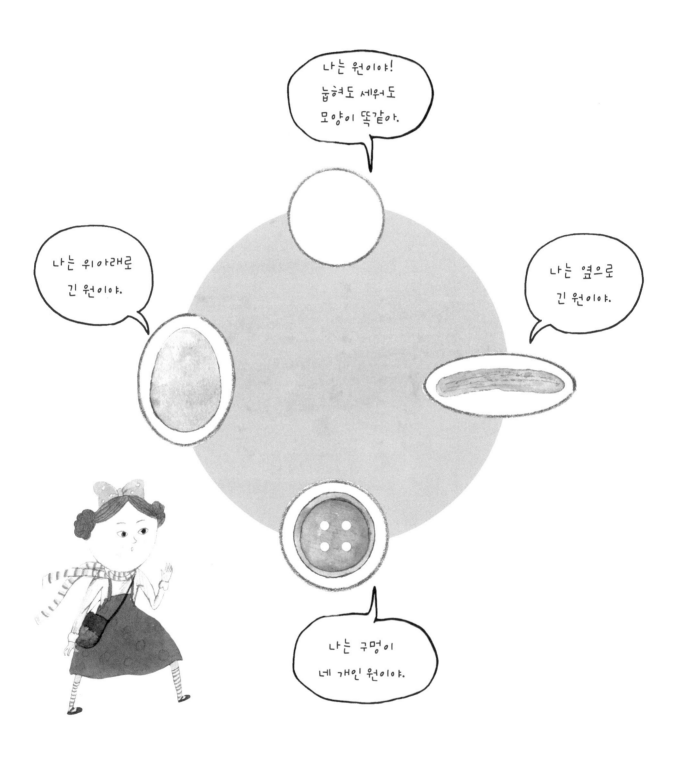

탐돌이가 안경을 쓰자 삼각형으로 변한 것들은 무엇일까요?
그림에서 찾아 △ 하세요.

탐돌이가 안경을 쓰자 사각형으로 변한 것들은 무엇일까요?
그림에서 찾아 □ 하세요.

탐돌이가 문제를 푸는 동안

똘망이는 다른 곳을 기웃거리다

'도형의 방'이라고 써 있는 방에 들어가 보았어요.

"어, 그런데 똘망이는 어디 갔지?"

"나 여기 있어."

탐돌이는 목소리를 따라가서 '도형의 방' 문을 열어 보았어요.

"탐돌아! 그 안경 얼른 나한테 줘 봐."
그러자 탐돌이가 똘망이에게 신기한 안경을 건넸어요.
"우아, 도형이 정말 많네."
똘망이가 말했어요.
빈 곳에 어울리는 도형 붙임 딱지를 붙이고,
도형의 이름을 말해 보세요.

한 사물 안에서 여러 모양의 도형을 찾을 수도 있어요.

탐돌이가 안경을 쓰자 사과는 세 개의 도형으로 보였어요.

카메라에서 찾을 수 있는 도형들을 그려 보세요.

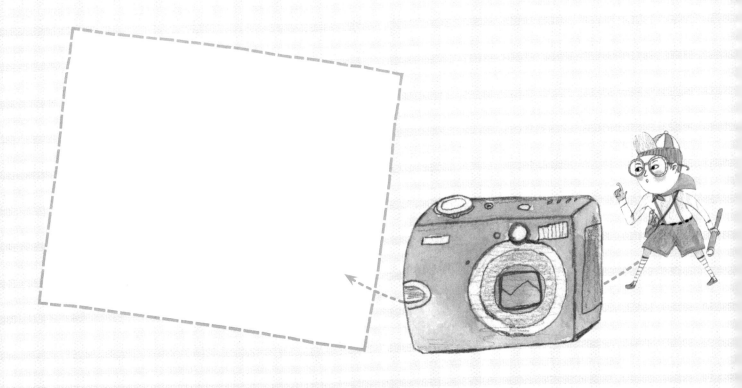

안경을 쓴 채로 보니 강아지한테서도 도형을 찾을 수 있어요.
어떤 것들이 있는지 말해 보세요.

트럭에서 찾을 수 있는 도형들을 그려 보세요.

아이투브레인 Mission 1

step 1 〈보기〉를 잘 보고, 답을 찾아보세요.

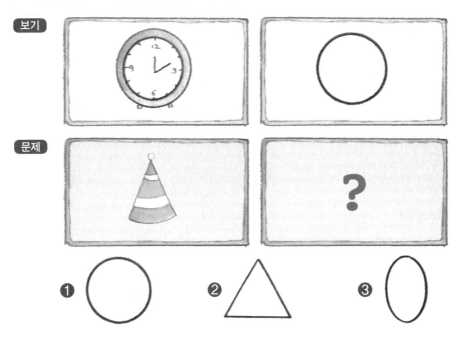

step 2 답을 찾아내기까지 생각의 과정을 꼼꼼하게 짚어 보아요.

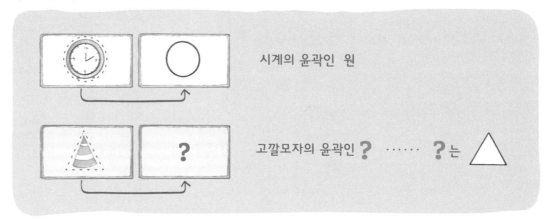

step 3 위에서 정리한 내용을 말로 표현해 보세요.

〈보기〉 왼쪽에 있는 시계의 윤곽에서 원을 찾아 그린 것이 오른쪽이에요.
〈문제〉의 빈칸에는 왼쪽에 있는 고깔모자의 윤곽에서 떠올린 도형이 와야 해요.
따라서 답은 (   )번이에요.

엄마 선생님을 위한 지식 노트

피카소의 큐비즘

'큐비즘'이란 피카소와 브라크에 의해서 시작된 새로운 회화 기법으로, 대상을 사각형이나 원, 원통 등 기하학적 형태로 단순화해 표현하는 방법이에요. 이 방법으로 그린 그림들을 보면 대상의 고유한 형태적 특성이나 본질, 대상 자체의 구조와 질서, 논리 등을 쉽게 알아볼 수 있어요.

피카소는 대상을 원뿔형, 원통형, 구형 등으로 쪼갠 다음 캔버스 위에서 재구성했어요. 특히 〈아비뇽의 처녀들〉, 〈게르니카〉 같은 작품에는 그런 기법이 잘 드러나 있지요.

세상과 사물을 원, 삼각형, 사각형 같은 도형으로 단순화해서 보면 대상의 형태를 좀 더 쉽게 파악할 수 있어요. 큐비즘 화가처럼 사물을 바라본다면 세상 모든 것들을 도형으로 표현할 수 있을지도 몰라요.

머리빛나 선생님의 핵심 한 줄
복잡한 사물의 모양을 금세 파악하려면 원, 삼각형, 사각형으로 단순화해 볼 것

Mission 2 꼭꼭 숨은 부분을 맞혀라!

탐돌이와 똘망이가 도형 과수원에 도착했어요.

"과일이 진짜 많아! 그런데 이건 뭐지?"

과일 바구니에 과일이 소복하게 담겨 있었어요.

"하나 먹어 볼까?"

과일을 먹으려던 탐돌이가 고개를 갸웃했어요.

"여러 과일이 뒤섞여 있어서 뭐가 있는지 잘 안 보여."

탐돌이가 투덜대자 똘망이가 말했어요.

"하나씩 꺼내 보면 되지!"

왼쪽 바구니에 있었던 과일을 찾아 ◯ 하세요.

탐돌이와 똘망이는 맛있게 과일을 먹고,
원두막에서 쉬기로 했어요.
"탐돌아, 저기 좀 봐. 나무도 세 개, 화분도 세 개야."
"그러게. 재미있네."

그때였어요.

"침입자가 나타났다. 침입자가 나타났다!"

갑자기 사이렌이 울렸어요.

그러자 눈 깜짝할 사이에 나무와 화분이 많아졌어요.

침입자가 나타난 뒤 생겨난 나무와 화분을 찾아 ○ 하세요.

"얼른 과수원에서 나가야겠어. 붕붕아, 우리 좀 도와줘!"
그러자 붕붕이가 쌩하고 달려왔어요.
탐돌이와 똘망이가 막 출발하려는데,
거대한 도형들이 하늘에서 뚝뚝 떨어지며 길을 막았어요.
그리고 다시 침입자의 목소리가 들렸어요.
"이곳을 떠나고 싶으면, 표지판에 없는 도형을 찾아라!"
표지판에 없는 도형 하나를 찾아 ◯ 하세요.

얼마나 달렸을까? 또 한번 뭔가가 쾅 떨어졌어요.

"어? 이번에는 도형들이 뭉쳐져 있네?"

"그렇다. 여기서 도형을 하나씩 꺼내 그려 보아라."

다시 침입자의 목소리가 들렸어요.

"우리가 할 수 있을까?"

탐돌이의 말에 똘망이가 말했어요.

"걱정 마. 이번에도 잘 해낼 수 있을 거야."

어떤 도형들이 모여 있는지 잘 보고,

나머지 도형 두 개를 찾아 하나씩 그려 보세요.

도형들이 또 길을 가로막았어요.

맨 앞에 있는 도형과 맨 뒤에 있는 도형을 그려 보세요.

맨 뒤에 있는 도형

맨 앞에 있는 도형

"으악!"

갑자기 사방이 깜깜해졌어요.

"전기가 나간 것 같은데, 이번에도 침입자의 짓이겠지?"

몇 초가 지나자 다시 반짝하고 전기가 들어왔어요.

전기가 나갔을 때와 들어왔을 때의 차이점을 말해 보고 ◯ 하세요.

아이투브레인 Mission 2

step 1 〈보기〉를 잘 보고, 답을 찾아보세요.

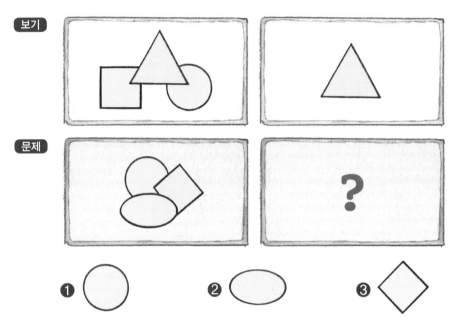

step 2 답을 찾아내기까지 생각의 과정을 꼼꼼하게 짚어 보아요.

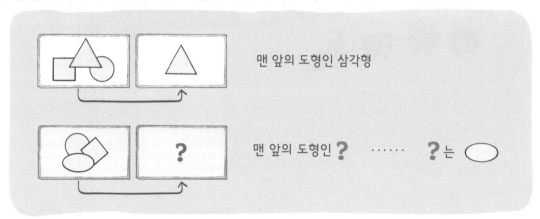

맨 앞의 도형인 삼각형

맨 앞의 도형인 ? …… ? 는 ◯

step 3 위에서 정리한 내용을 말로 표현해 보세요.

〈보기〉 왼쪽의 도형 모음 가운데 맨 앞에 있는 도형이 오른쪽이에요.

〈문제〉의 빈칸에는 왼쪽에 있는 도형 모음 가운데 맨 앞에 있는 도형이 와야 해요.

따라서 답은 (   )번이에요.

엄마 선생님을 위한 지식 노트

중첩

두 가지 이상의 대상이 겹쳐져 있는 것을 '중첩'이라고 해요. 중첩은 공간을 이해하는 데 아주 중요한 개념이에요. 나무와 화분, 과일 바구니를 그리라고

했을 때, 중첩의 개념을 알면 ①번처럼 그릴 수 있어요. 하지만 중첩의 개념을 모르면 ②번처럼만 그릴 거예요.

우리가 살고 있는 세상은 대부분의 것들이 중첩되어 있어요. 그래서 ①번 그림이 더 입체적이고 사실적으로 보여요.

겹쳐져 있는 것을 모두 떼어 낸 다음 각각의 온전한 모습을 상상해 보는 것도 중첩을 이해하는 좋은 방법이에요. 그러니까 ①번 그림을 보고 ②번 그림처럼 각각의 온전한 모습을 떠올려 보는 것이지요.

머리빛나 선생님의 핵심 한 줄
겹쳐진 사물에 무엇무엇이 있는지 알려면 맨 앞에 있는 사물부터 찾을 것

Mission 3 형태를 완성하라!

탐돌이와 똘망이가 바닷가에 있는 어느 건물 앞에 이르렀어요.
문을 열고 들어가자 방은 아주 어두컴컴했어요.
똘망이가 침착하게 스위치를 찾아 딸각 불을 켰어요.
"앗!"
탐돌이는 깜짝 놀랐어요.
몸이 조금만 보이는 동물들이 있는 거예요!
"저건 판다 같은데?"
탐돌이는 선을 그어 판다의 몸을 완성했어요.
그러자 화석처럼 굳어 있던 판다가 앞으로 쓱
걸어 나오며 고맙다고 인사를 했어요.

다른 동물들도 선을 그어 몸을 완성한 뒤
그 위에 이름을 써 보세요.

이번에는 몸의 일부가 사라진 도형들이 나타났어요.
탐돌이와 똘망이는 도형들의 형태도 완성해 주었어요.
아까처럼 사라진 부분에 선을 그어서 말이에요.

다른 도형들도 선을 그어 완성하세요.

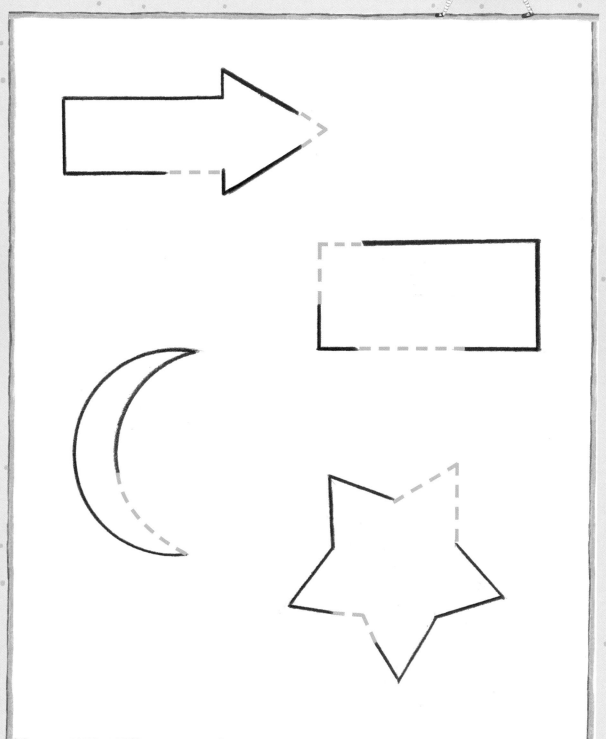

탐돌이와 똘망이는 옆방으로 들어갔어요.
그곳에는 도형 세 개가 전시되어 있었어요.
그 앞에는 그리다 만 그림이 놓여 있었어요.
어떤 도형을 그리던 중이었는지 말해 보고,
선을 그어 그림을 완성하세요.

완성된 도형과 그리다 만 도형이 섞여 있어요.

같은 도형끼리 짝을 지어 보고, 선을 그어 도형을 완성하세요.

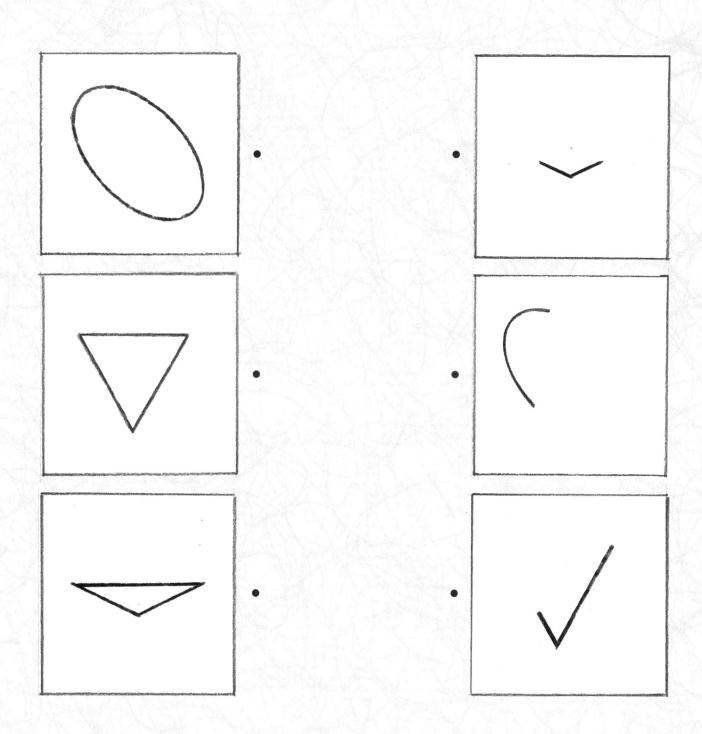

탐돌이와 똘망이가 바닷가에서 낚시를 해요.
"음하하, 내가 낚시 왕이 될 거야!"
탐돌이가 물고기를 잡았어요.
탐돌이는 오늘 있었던 일을 그림 일기장에 그렸어요.
어? 그런데 이게 무슨 일일까요?
잠깐 눈을 돌린 사이 그림이 반씩 지워져 있어요.

왼쪽 그림처럼 본래 형태로 만들려면 오른쪽에 놓여 있는

여러 반쪽짜리 양철통과 물고기 중에서

어느 것을 골라야 할지 저마다 ◯ 하세요.

아이투브레인 Mission 3

step 1 〈보기〉를 잘 보고, 답을 찾아보세요.

step 2 답을 찾아내기까지 생각의 과정을 꼼꼼하게 짚어 보아요.

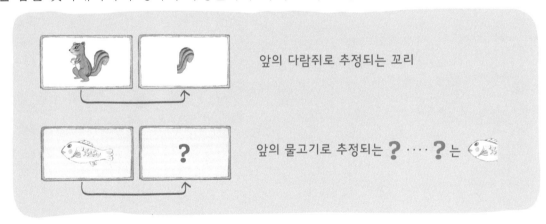

step 3 위에서 정리한 내용을 말로 표현해 보세요.

〈보기〉 오른쪽에 있는 꼬리를 보면 왼쪽의 다람쥐 모습을 추정할 수 있어요.

〈문제〉의 빈칸에는 왼쪽 물고기의 모습을 추정할 수 있는 그림이 와야 해요.

따라서 답은 (   )번이에요.

엄마 선생님을 위한 지식 노트

추정

우리는 반만 그려진 그림이나 부분 부분 불규칙하게 남아 있는 그림, 또는 선의 일부만 남아 있는 그림을 보고도 그것이 무엇인지, 어떤 모양으로 완성될 것인지 추정할 수 있습니다. 얼핏 아무 의미 없는 조각이나 선으로 보일 수도 있지만, 자세히 들여다보면 나름의 형태를 발견할 수도 있답니다. 사람은 대상을 구체적인 형태로 지각하려는 경향이 있어서 무의미한 조각과 그림을 보면 자신이 알고 있는 것 중에서 가장 비슷한 것을 찾으려는 뇌 활동을 하거든요.

머리빛나 선생님의 핵심 한 줄

불완전한 그림을 완성하려면 자세히 들여다보고 나름의 완성된 형태를 머리에 떠올려 볼 것

Mission 4 빠진 부분을 채워라!

탐돌이와 똘망이가 동물원에 도착했어요.

"기린아!"

탐돌이가 부르자 기린이 깜짝 놀라며 말했어요.

"나를 어떻게 알아봤지?"

"내가 누구야, 꼬마 탐정 탐돌이잖아. 얼굴이 안 보여도 몸을 보면 알 수 있지. 이제 내가 얼굴을 찾아 줄게."

기린의 얼굴을 찾아 ○ 하세요.

"와, 나도 나도."
다른 동물들도 몸의 일부를 빠뜨린 채
탐돌이에게 달려왔어요.
동물들의 모습을 잘 살펴보고 빠진 부분을 채워 주세요.

탐돌이와 똘망이는 동물원을 돌다가 원숭이 집을 발견했어요.
원숭이 집에서 피아노 소리가 들렸어요.
"한번 들어가 볼까?"
"좋아, 이 사다리를 타고 들어가자."
어, 그런데 사다리가 이상해요.
빠진 부분을 채워야 안전하게 사다리를 밟고 올라갈 수 있겠어요.
빠진 부분을 그려 보세요.

탐돌이와 똘망이는 드디어 원숭이 집에 들어갔어요.
집 안에는 피아노만 덩그러니 놓여 있었지요.
"어, 소리가 이상해."
"피아노 건반이 몇 개가 빠져서 그래."
탐돌이의 말에 똘망이가 말했어요.
피아노의 빠진 건반과 다른 물건들의 빠진 부분이 무엇인지 찾아서
말한 다음 그려 주세요.

"그런데 여기엔 왜 이렇게 빠진 부분이 많지?"
탐돌이가 갸웃하고 있는데,
그 순간 나뭇잎 한 장이 휙 떨어졌어요.

"웬 나뭇잎이지?"

"혹시 다른 것도 네가 갉아먹은 거야?
왜 그랬어? 배가 너무 고팠니?"

탐돌이는 주머니에서 모서리가 사라진 도형 그림을 꺼냈어요.
"이 사각형 모서리도 네가 갉아먹었어? 그러면 안 되지!"
그러자 애벌레가 모서리가 사라진 사각형의 일부를 툭 뱉었어요.
애벌레가 뱉어낸 부분을 끼우자 사각형이 완성되었어요.

어디에서인가 일부가 사라진 도형이 또 나타났어요.
이번에도 애벌레가 갉아먹은 부분을 뱉었지요.
애벌레가 뱉어낸 부분을 찾아 ○ 하세요.

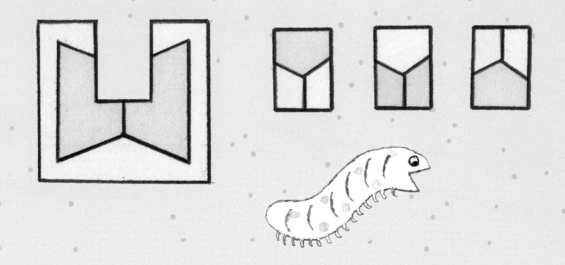

빠진 부분 찾아 주기는
도형의 섬 도서관에서도 계속되었어요.
그림책을 펼쳤는데, 뭔가 이상해요.
이상한 부분을 찾아 말해 보고 그림을 그려 바르게 고쳐 주세요.

이상한 부분을 찾아 말해 보고, 그림을 그려 바르게 고쳐 주세요.

탐돌이와 똘망이가 그림책 속으로 빨려 들어갔어요.
어느새 둘은 바닷가 모래사장 위에 있었어요.
"탐돌아! 모래에 난 발자국 좀 봐. 뭔가 이상해!"
붙임 딱지를 이용해 이상한 부분을 고쳐 보세요.

하늘에서 쪽지 하나가 팔랑팔랑 떨어졌어요.
침입자의 쪽지였지요.

> 그림책 밖으로
> 나가고 싶다면
> 금이 간 항아리에
> 물을 부어라.

탐돌이는 쪽지에 적힌 대로 물을 길어 와서
커다란 항아리에 부었어요.
이번에도 뭔가 이상하지요?
항아리에 금이 갔는데도 물이 새지 않아요.

이렇게 생각해 볼 수도 있어요.
금이 간 항아리 속에 멀쩡한 항아리가
하나 더 있다면 물이 새지 않겠지요.

아이투브레인 Mission 4

step 1 〈보기〉를 잘 보고, 답을 찾아보세요.

step 2 답을 찾아내기까지 생각의 과정을 꼼꼼하게 짚어 보아요.

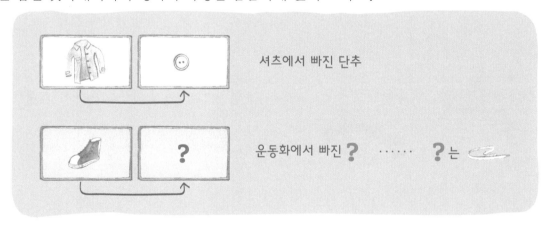

step 3 위에서 정리한 내용을 말로 표현해 보세요.

〈보기〉 왼쪽에 있는 셔츠에서 빠진 것이 오른쪽에 있는 단추예요.

〈문제〉의 빈칸에는 왼쪽 운동화에서 빠진 것이 와야 해요.

따라서 답은 (　　　　)번이에요.

엄마 선생님을 위한 지식 노트

부분과 전체

옷에 단추를 끼우는 구멍은 있는데, 단추가 없다면? 전화를 걸어야 하는데, 전화기에 번호판이 없다면?

우리는 일부가 빠지거나 완전하지 않은 모습과 맞닥뜨릴 때가 있어요. 그러면 당황하지 말고 전체를 먼저 파악하세요. 그러고 나서 그 전체를 구성하는 부분들을 하나하나 생각해 보면, 빠진 것을 쉽게 찾을 수 있지요.

전체는 부분들의 모임으로, 부분은 전체 속에서 파악해야 해요. 익숙한 그림이나 도형에서 빠진 부분을 찾는 것은 비교적 쉽지만, 낯선 것을 보고 빠진 것을 찾는 것은 쉽지가 않지요. 우선 대상이 무엇인지 파악하기 위해 전체를 잘 관찰하고 판단한 다음, 무엇이 빠졌는지 생각해 보세요.

머리빛나 선생님의 핵심 한 줄
빠져 있는 요소가 무엇인지 알려면 전체를 먼저 파악할 것

Mission 5 숨은 그림을 찾아라!

"붕붕아, 도형 놀이터로 출발!"

탐돌이가 외쳤어요.

도형의 섬 놀이터는 모두 도형으로 이루어져 있어요.

그런데 이상하게도 군데군데 색깔이 사라져 있었어요.

원래는 색깔이 있었을 텐데…….

맞아요! 침입자의 짓이 틀림없어요.

"똘망아, 색깔을 칠하자! 그래야 놀이터가 더 멋져지지!"
탐돌이가 서둘렀어요.
"일단 쭉 살펴보고 맞는 색깔로 칠해야지."
똘망이가 침착하게 말했지요.
침입자의 가방을 보고 색깔이 사라진 곳에
알맞은 색깔을 칠하세요.

"나는 정글짐이 좋아."

색칠을 끝낸 탐돌이가 정글짐 위에 올라가 외쳤어요.

정글짐을 내려다보니 여러 도형들이 보였지요.

정글짐에서 아래의 도형들을 찾아 각각의 개수를 적어 보세요.

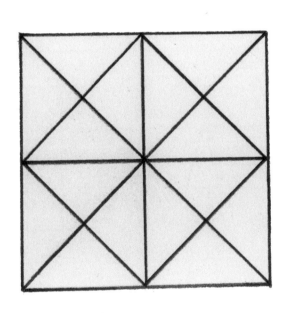

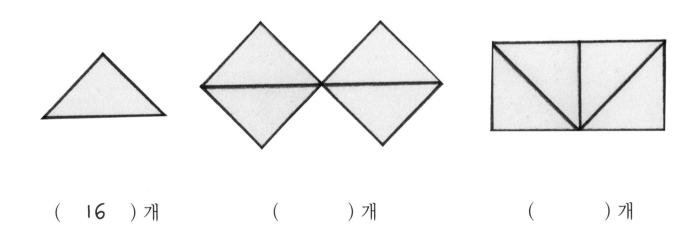

(16)개   (   )개   (   )개

조금 더 복잡한 정글짐이에요.
이 안에도 여러 도형들이 보일 거예요.
정글짐에서  을 찾아 개수를 적어 보세요.

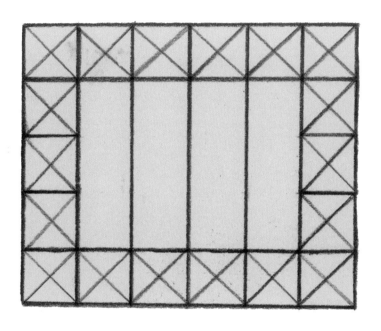

(   ) 개

탐돌이는 도형 놀이터에서 빠져나왔는데도
계속해서 도형이 머릿속에 떠올랐어요.
모든 것이 도형으로 보였지요.
탐돌이가 본 △ 와 같은 모양을 찾아 표시해 보세요.

⌂은 옆으로 긴 사각형과 삼각형이 합쳐진 모양이에요.
이번에는 똘망이가 본 ⌂을 찾아 표시해 보세요.

"으, 모든 게 자꾸 도형으로 보여!"

붕붕이를 타고 달리던 탐돌이가 눈을 비비며 소리쳤어요.

"저, 저기!"

"깜짝이야!"

붕붕이가 끽 소리를 내며 멈췄어요.

"저기 하트가 있어!"

"나 참, 큰일 난 줄 알았네."

탐돌이가 하트라고 여긴 부분을 관찰해 보세요.

"사실은 나도 모든 게 자꾸만 도형으로 보여."
똘망이가 채소와 과일을 먹고 있는
원숭이 곁을 지나며 말했어요.
늘어놓은 채소와 과일에서 탐돌이나 똘망이는
어떤 도형을 보았을지 생각해 보고, 빈칸에 그리세요.

탐돌이와 똘망이는 교실로 돌아왔어요.

그러자 머리빛나 선생님이 모습을 드러냈지요.

"연잎들이 만들어 내는 도형이

무엇인지 알아내면 다시 오마."

머리빛나 선생님은 어디론가 쓱 사라졌어요.

아래 초록색 연잎들이 만든 도형이 무엇인지 골라 ◯ 하세요.

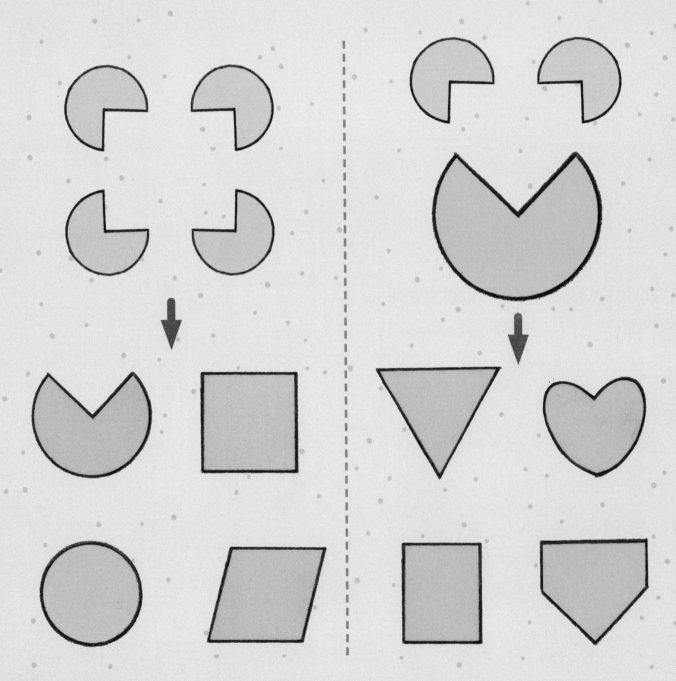

도형들을 다 찾았는데도 머리빛나 선생님은 나타나지 않았어요.
"도대체 선생님은 왜 안 나타나지?"
그때 또 쪽지 하나가 팔랑거리며 떨어졌어요.
"윽, 어느 쪽으로 가라는 거지?
정말 헷갈리게 해 놨네."
탐돌이가 헷갈린 이유를 말해 보세요.

화살표를 따라가시오.

위쪽의 큰 화살표는 안에 있는 작은 화살표들이 오른쪽을 가리키고 있어서 헷갈려.

아이투브레인 Mission 5

step 1 〈보기〉를 잘 보고, 답을 찾아보세요.

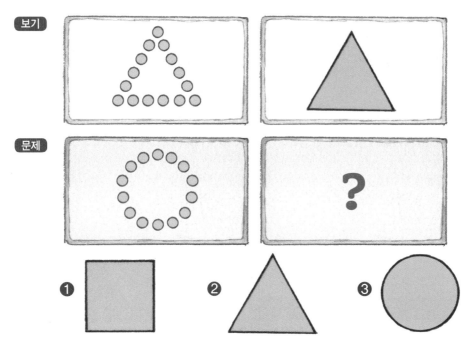

step 2 답을 찾아내기까지 생각의 과정을 꼼꼼하게 짚어 보아요.

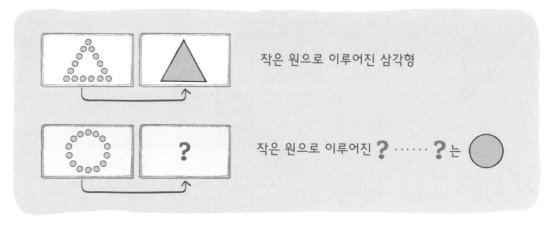

step 3 위에서 정리한 내용을 말로 표현해 보세요.

〈보기〉 왼쪽에 있는 작은 원들이 모여서 만든 도형이 오른쪽 삼각형이에요.

〈문제〉의 빈칸에는 왼쪽 작은 원들이 모여서 만든 도형이 와야 해요.

따라서 답은 (   )번이에요.

엄마 선생님을 위한 지식 노트

숨은그림 찾기

아이들은 대개 숨은그림 찾기를 좋아해요. 그런데 숨은그림 찾기를 제대로 하려면 5~6세는 되어야 해요. 이때가 되어야 사물을 개별적으로 바라볼 줄 아는 능력이 발달하기 때문이에요. 사물을 인지하는 방식은 사람마다 달라요. 이러한 차이가 어디에서 오는지 설명하는 이론 가운데 유명한 것이 '장 의존성-독립성'이에요. 여기서 '장'은 사물을 둘러싼 환경을 뜻해요. 이 이론에 따르면 장 의존적인 사람은 부분적인 요소보다 배경이나 전체를 중요시하기 때문에 숨은그림 찾기에 서툴러요. 하지만 사회성이 좋고, 언어를 습득할 때 빠른 편이에요. 반대로 장 독립적인 사람은 세부 사항에 주의를 기울이고, 산만한 환경 속에서 특정 요소를 찾는 일을 잘하지요. 그래서 장 의존적인 사람보다 숨은그림 찾기를 잘한답니다. 아이가 어떤 것을 잘하는지 한번 주의 깊게 살펴보세요.

머리빛나 선생님의 핵심 한 줄
숨은 그림을 잘 찾으려면 세부 사항에 주의를 기울이고, 찾는 대상에 집중할 것

Mission 5 완료

Mission 6 진짜를 찾아라!

"나는 거울 군인이다!
변신의 방에 들어가려면 똑똑한 거울 문을 찾아라."
탐돌이와 똘망이는 화살표를 따라가다가
거울 앞에 우뚝 선 군인을 보았어요.
모두 비슷해 보이는데, 과연 똑똑한 거울 문을 찾을 수 있을까요?
군인을 제대로 비추고 있는 거울 문을 찾아 ○ 하세요.

똑똑한 거울이라면 사물을 어떻게 비출까요?
사물을 제대로 비추고 있는 거울을 찾아 ◯하세요.

거울의 방으로 들어가자 깡통 로봇이 나타났어요.

깡통 로봇은 거울 보는 것을 좋아해요.

거울을 가져다 대었을 때, 깡통 로봇이 어떻게 보이는지 관찰해 보세요.

깡통 로봇의 얼굴 밑에 거울을 가져다 대었어요.

로봇의 얼굴과 거울 속에 비친 얼굴이 대칭을 이루어요.

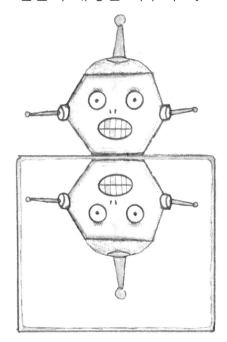

깡통 로봇에 아래와 같이 거울을 가져다 대면
어떻게 보일까요?

잘 생각해 보고, 붙임 딱지를 붙이세요.

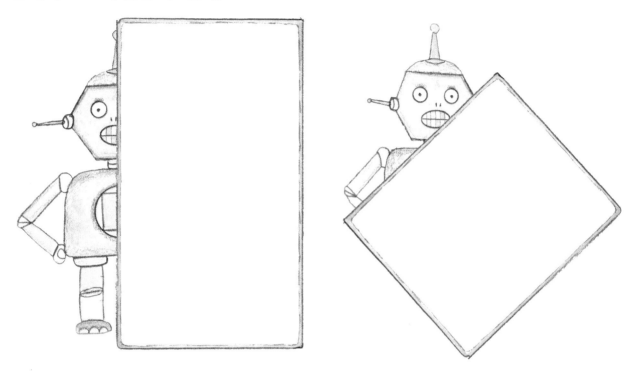

탐돌이와 똘망이가 갸웃거리자
어디에선가 머리빛나 선생님의 목소리가 들려왔어요.
"미술 시간에 배운 데칼코마니 기법을 떠올려 보렴.
그러면 좀 쉬울 거야."

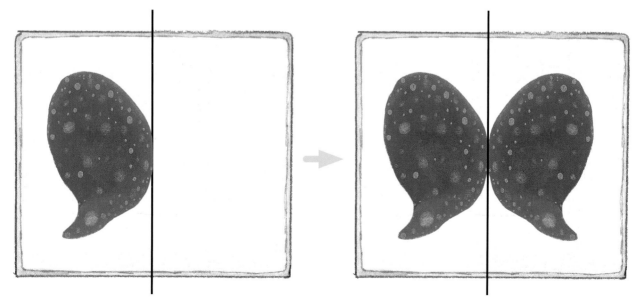

변신의 방을 나오자 팽이가 빙글빙글 돌면서
탐돌이 앞을 지나갔어요.
팽이 위쪽에는 무늬가 있어요.
팽이가 돌아갈 때의 모습을 관찰해 보세요.

   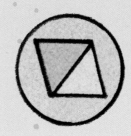

팽이 위쪽 무늬가 아까보다 복잡해졌어요.
팽이가 돌아가면서 나올 수 있는 모습이
아닌 것을 골라 ○하세요.

  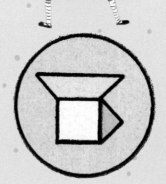 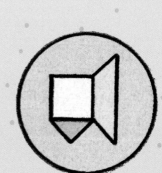

이번에는 탐돌이 앞으로
고무 도장이 굴러왔어요.
고무 도장은 마주 보는 면의 무늬가 같아요.
고무 도장에서 나올 수 있는 모습을 찾아 ○하세요.

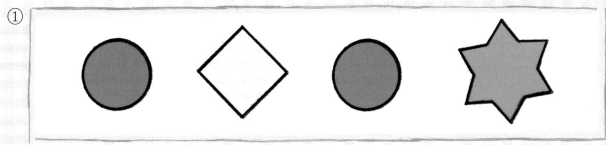

"휴, 이제는 좀 쉴 수 있겠지!"

탐돌이가 이마를 닦으며 말했어요.

그 순간, 어디에선가 침입자의 목소리가 들렸어요.

"이봐, 위에서 보는 것만이 다가 아니란 걸 알아야지!"

그제야 탐돌이는 머리빛나 선생님의 말씀이 떠올랐어요.

"맞아! 사물의 모습을 제대로 알려면

여러 방향에서 꼼꼼하게 봐야 해!"

"이번 문제를 풀면 시원한 음료수를 주지.
음료수 캔을 각각 앞, 뒤, 위, 아래에서 본 모습을 찾아봐!"
그림을 잘 보고 어느 위치에서 본 모습인지 빈칸에 쓰세요.

문제를 모두 풀자, 탐돌이 앞에 음료수가 툭 나타났어요.
탐돌이는 신이 나서 음료수 캔을 땄어요.
그러자 연기 속에서 머리빛나 선생님이 불쑥 튀어나왔어요!

탐돌이와 똘망이는 붕붕이를 타고 하늘을 날았어요.

물론 머리빛나 선생님도 함께요.

"조금만 더 위로, 위로! 야호!"

성냥갑을 모아 놓은 것 같은 빌딩 숲 사이를 날아다니니 기분이 좋았어요.

탐돌이와 똘망이는 한 빌딩 주변을 돌아보기로 했어요.

"앞에서만 볼 때는 몰랐는데, 오른쪽 왼쪽에서 본 모습이 또 각각 다르네."

왼쪽 옆에서 바라본 모습   정면에서 바라본 모습   오른쪽 옆에서 바라본 모습

건물 옥상에서 내려다보니 텐트를 치고 노는 사람들도 보였어요.
탐돌이와 똘망이는 여러 위치에서 본 텐트의 모습을
도형으로 표현해 보았어요.
빈칸에 알맞은 번호를 쓰세요.

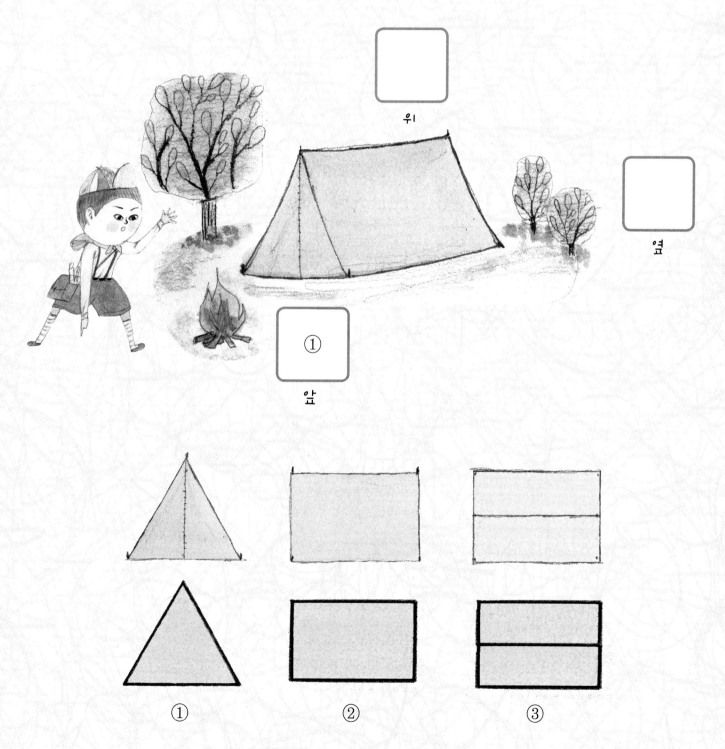

아이투브레인 Mission 6

step 1 〈보기〉를 잘 보고, 답을 찾아보세요.

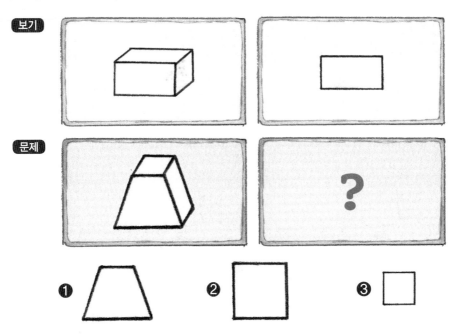

step 2 답을 찾아내기까지 생각의 과정을 꼼꼼하게 짚어 보아요.

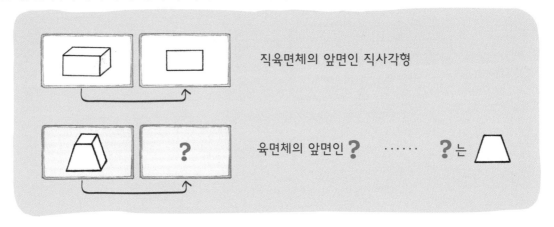

step 3 위에서 정리한 내용을 말로 표현해 보세요.

〈보기〉 왼쪽에 있는 납작한 직육면체의 앞면을 그린 것이 오른쪽이에요.

〈문제〉의 빈칸에는 왼쪽 육면체의 앞면이 와야 해요.

따라서 답은 (　　　　)번이에요.

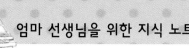
엄마 선생님을 위한 지식 노트

조망 수용 능력

조망 수용 능력이란 어떤 대상이 자신과 다른 위치에 있는 사람에게 어떻게 보이는지를 이해하고 판단하는 능력이에요. 한쪽에 손잡이가 달린 컵을 생각해 보세요. 앞과 뒤, 양옆에서 본 모습이 모두 다르지요. 이처럼 위치나 각도 등에 따라 대상은 다르게 보여요. 또 거울에 비추면 사물의 좌우가 바뀌어 보이지요. 어른은 당연히 이 사실을 알지만 0~4세 아이는 왜 그런지 잘 이해하지 못합니다. 피아제라는 아동 심리학자는 그 이유를 조망 수용 능력이 부족하기 때문이라고 설명했어요.

조망 수용 능력은 유아가 점차 자기중심적 사고에서 벗어나면서 발달해요. 조망 수용 능력은 인지적 측면뿐 아니라 다른 사람의 느낌이나 정서를 이해하는 감정적 측면에서도 중요한데, 타인과의 관계에 꼭 필요한 공감 수용 능력의 기초가 되기 때문이지요.

머리빛나 선생님의 핵심 한 줄
다른 위치에서 보이는 사물의 모습을 판단하려면 머릿속에서 그 위치에 서 볼 것

Mission 6 완료

Mission 7 분해하고 합체하라!

벌써 여섯 번째 도장을 받았으니,

탐돌이와 똘망이가 도형의 섬을 떠날 날도 머지않았어요.

탐돌이와 똘망이는 도형의 섬에 자신들의 흔적을 남기고 싶었어요.

"탑을 쌓으면 어떨까?"

탐돌이의 말에 똘망이가 사진을 보여 주며 말했어요.

"이건 프랑스의 파리에 있는 에펠탑이야.

우리도 이런 모양으로 쌓아 볼까?"

"좋아! 이름은 '탐돌똘망탑'으로 하자."

도형의 섬이니만큼
탑을 올릴 때에도 도형만 쓰는 게 어떨까요?
탐돌이와 똘망이가 만든 '탐돌똘망탑'을 상상해 보세요.
그리고 붙임 딱지를 이용해 만들어 보세요.

머리빛나 선생님이 나타나 탐돌이에게
'제대로 합체 상자'를 주며 말했어요.
"이건 도형을 합쳐서 재미있는 모양을 만드는 기계야.
이제부터 여러 가지 도형으로 건물을 만들어야 하니
건물을 만들기 전에 이 기계로 연습을 해 보렴."
상자에 들어간 두 원이 어떻게
합체되었는지 관찰해 보세요.

"다른 도형들도 상자에 넣어 볼까?"

탐돌이는 여러 가지 도형들을 상자에 넣었어요.

"어? 엉뚱한 모양이 나오는데……."

그때 어디에선가 침입자의 웃음소리가 들렸어요.

"하하. 내가 상자에 살짝 장난을 쳐 놓았지!"

침입자가 장난을 쳐서 생긴 엉뚱한 모양을 골라 ○ 하세요.

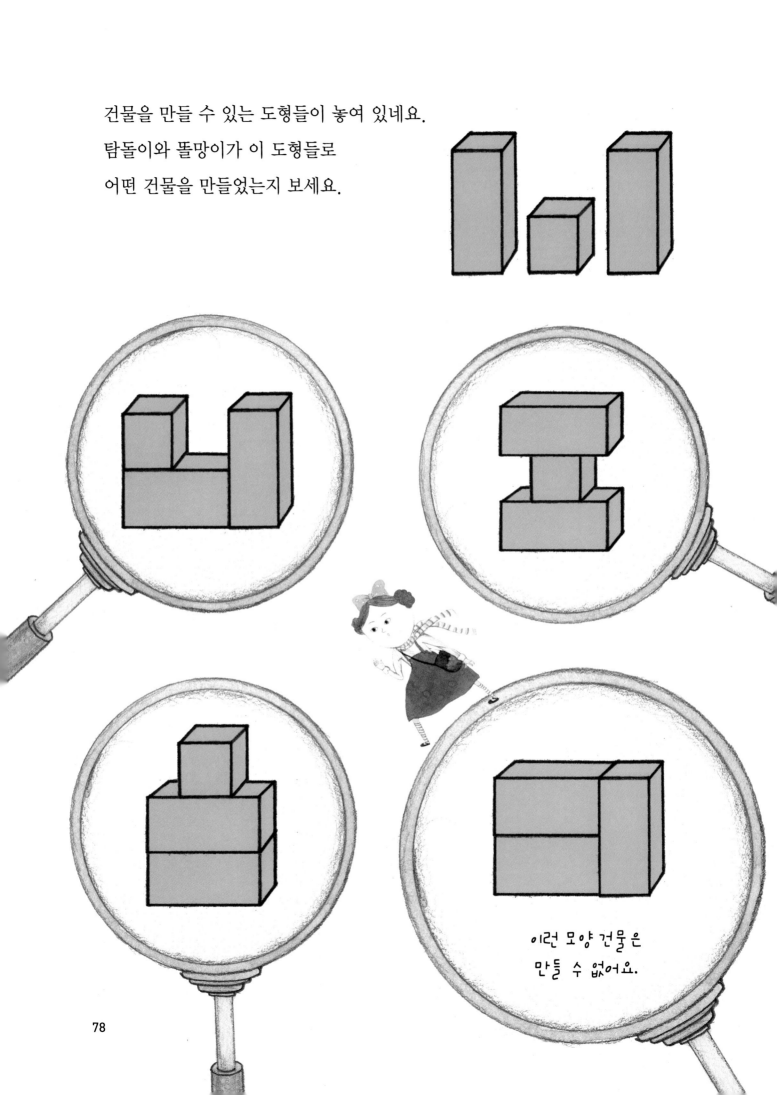

건물을 만들 수 있는 도형들이 놓여 있네요.
탐돌이와 똘망이가 이 도형들로
어떤 건물을 만들었는지 보세요.

이런 모양 건물은 만들 수 없어요.

이 도형들로는 어떤 건물을 만들 수 있을까요?
붙임 딱지를 이용해 자유롭게 만들어 보세요.

"재미있는 것들이 아주 많아!"

문구점 진열장에는 나비 인형과 변신 통통배가 있었어요.

"아, 멋지다."

그때 머리빛나 선생님이 주머니에서 뭔가를 꺼내 탐돌이에게 건넸어요.

"이게 뭐예요? 도형 조각들이잖아요."

탐돌이가 실망한 듯 말했어요.

그러자 똘망이가 말했지요.

"아하! 이걸로 나비 인형도, 변신 통통배도
만들 수 있겠는걸."

"그렇지. 이건 칠교판이란다.
칠교판으로 재미있는 모양을
많이 만들 수 있을 거다."

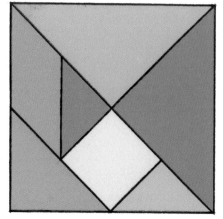

여러분은 무엇을 갖고 싶은가요?

칠교판 붙임 딱지를 이용해 만들어 보세요.

나는 _____(을)를 갖고 싶어요.

나는 _____(을)를 갖고 싶어요.

아이투브레인 Mission 7

step 1 〈보기〉를 잘 보고, 답을 찾아보세요.

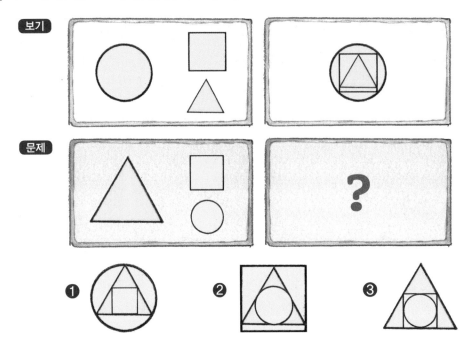

step 2 답을 찾아내기까지 생각의 과정을 꼼꼼하게 짚어 보아요.

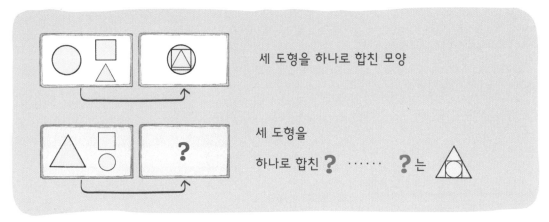

step 3 위에서 정리한 내용을 말로 표현해 보세요.

〈보기〉 왼쪽에 있는 세 도형을 하나로 합쳐 그린 것이 오른쪽이에요.

〈문제〉의 빈칸에는 왼쪽의 세 도형을 하나로 합친 그림이 와야 해요.

따라서 답은 (　　　)번이에요.

엄마 선생님을 위한 지식 노트

도형의 구성

블록이나 칠교판처럼 도형을 이용한 놀이는 아이의 두뇌 발달에 많은 도움을 줍니다. 그저 도형 조각의 촉감을 느끼고, 색깔을 확인하고, 모양을 살펴보던 아이는 점차 이런저런 모양을 만들기 시작하지요. 처음에는 특별한 목적 없이 이런저런 도형을 한데 모았다가 흩뜨리는 것에서도 재미를 느껴요. 그러다가 도형 조각들을 이용해 특정한 모양을 만들 수 있다는 것을 알게 됩니다.

아이는 도형들을 어떻게 조합해야 자신이 만들고 싶은 모양이 될지 먼저 머릿속으로 상상하고 구성합니다. 그리고 이렇게 저렇게 놓아 보면서 원하는 모양을 만들어요. 이 과정에서 '분석'과 '조합'이라는 두뇌 기능이 발달한답니다.

머리빛나 선생님의 핵심 한 줄
도형을 원하는 형태로 만들기 전에 머릿속으로 상상해 볼 것

Mission 8 선의 비밀을 풀어라!

탐돌이와 똘망이는 배가 고파졌어요.

"우리 도형 식당에 가서 뭘 좀 먹을까?"

둘은 식당에 들어가 피자 한 판을 주문했어요.

잠시 뒤에 커다란 피자가 펄럭거리며 나타났어요.

피자칼도 뒤따라 왔지요.

그런데 피자가 식탁 옆으로 휙 지나가는 거예요.

"똘망아, 얼른 피자를 붙잡아야겠어."

"나누어 먹으려면 피자칼도 붙잡아야 해!"

탐돌이와 똘망이가 피자를 나누어 먹으려면
어떻게 나누어야 할까요?

이렇게 나눌 수도 있고,

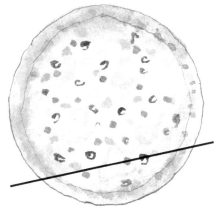

이렇게 나눌 수도 있고,

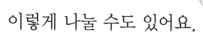

이렇게 나눌 수도 있어요.

만약에 네 사람이 똑같이 먹으려면
피자를 어떻게 나누어야 할까요?
피자에 선을 그어 표시해 보세요.

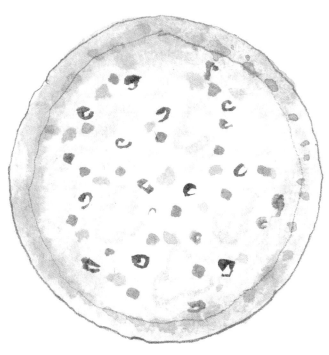

도형 식당에 먹보 괴물이 나타났어요.
"나는 못 먹는 게 없는 먹보 괴물이다!"
그런데 먹보 괴물에게는 뭐든 딱 절반만 먹는
이상한 습관이 있어요.
"으하하, 내가 낸 문제를 맞히지 못하면
너희는 여기서 나갈 수 없어!"
먹보 괴물이 먹고 남긴 과일의 원래 모습을 찾아
선으로 이어 주세요.

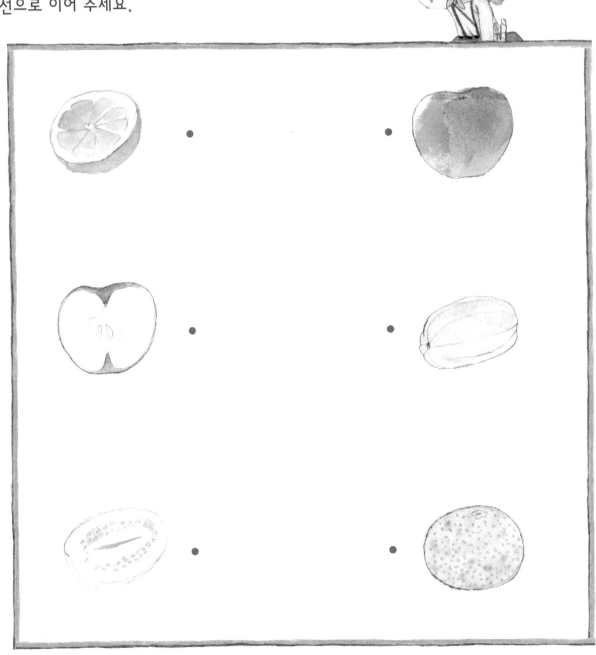

먹보 괴물이 여러 음식을 툭툭 탐돌이에게 던져 주었어요.
"이것들을 정확히 절반으로 나누지 못하면, 여기서 못 나가!"
탐돌이와 똘망이가 음식들을 어떻게 나누었는지 보세요.

탐돌이는 이렇게,

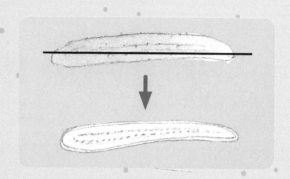

똘망이는 이렇게 잘랐어요.

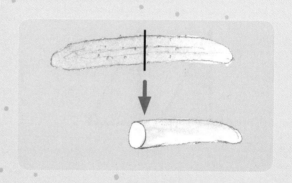

오른쪽처럼 자르면
오이는 어떤 모양이 될지
붙임 딱지를 찾아 붙이세요.

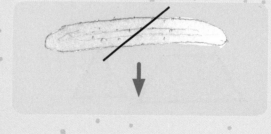

탐돌이와 똘망이가 침착하게 모든 문제를 해결하자,
먹보 괴물은 심통이 났어요.
그래서 눈에 잡히는 삼각형들을 마구 물어 와 잘랐어요.
"크하하! 이 삼각형들을 봐.
어디를 어떻게 자른 것인지 모르겠지?"
왼쪽과 같은 도형들이 나오려면 삼각형을 어떻게 잘라야 할지
선으로 표시해 보세요.

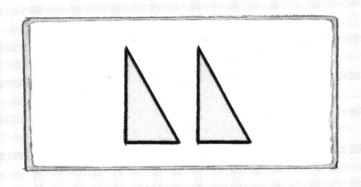 ......

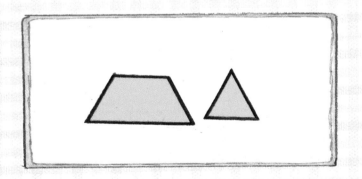 ......

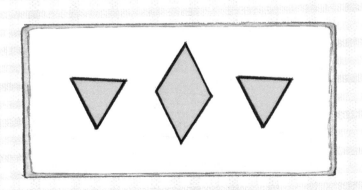 ......

오늘은 도형 요리사의 생일이래요.
탐돌이와 똘망이는 요리사를 깜짝 놀라게 해 주고 싶어서
맛있는 케이크를 몰래 가져다주려고 했지요.
하지만 먹보 괴물이 식탁 밑에서 케이크를 노리고 있었어요.
'케이크를 먹기 좋게 자르면 그때 달려들어야지. 하하하.'

탐돌이는 이렇게,

똘망이는 이렇게 잘랐어요.

케이크를 아래처럼 잘라 식탁에 놓으면,
식탁 밑에서는 어떻게 보일지 생각해 그려 보세요.

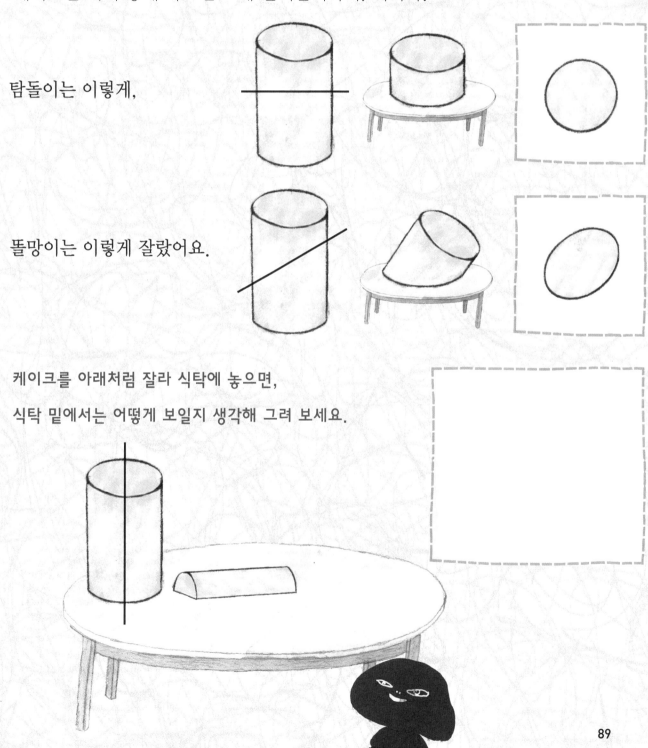

무사히 먹보 괴물에게서 빠져나온 탐돌이와 똘망이는
생일 카드를 쓰기로 했어요.
'도형 요리사님, 생일 축하해요!'
똘망이가 카드를 접기 시작했어요.

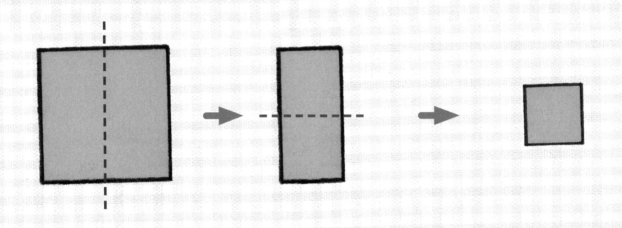

어디를 어떻게 몇 번 접느냐에 따라 모양이 달라져요.
빨간 점선을 따라 종이를 한 번 더 접으면
어떤 모양이 나올지 그려 보세요.

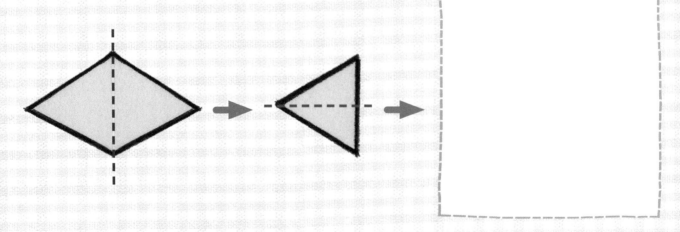

탐돌이와 똘망이가 케이크와 카드를 들고
도형 요리사에게 가고 있었어요.
그런데 갑자기 종이 여러 장이 나타나 길을 가로막았어요.
"종이 접기에 관한 문제를 풀기 전에는 여기를 지나갈 수 없다."
침입자의 목소리였어요.
점선을 따라 종이를 접어서 만들 수 없는 모양을 찾아 ◯ 하세요.

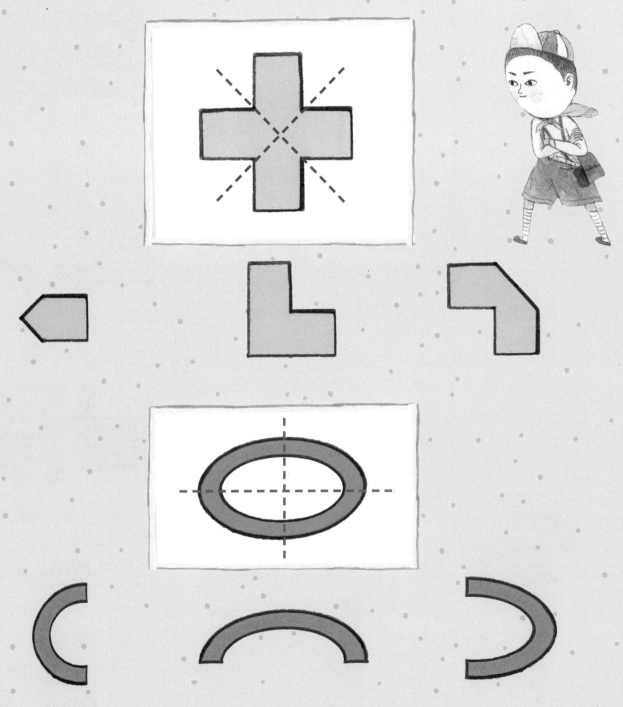

탐돌이와 똘망이는 겨우 도형 식당 주방에 도착했어요.

요리사는 매우 바빴어요.

"침입자가 이 무를 주사위 크기로 잘라 깍두기를 담그라고 시켰어.

이 일을 다 하기 전에는 아무리 생일이라도 쉴 수 없어."

탐돌이는 놀라서 눈이 휘둥그레졌어요.

"이렇게 큰 무를 어떻게 주사위만 하게 만들지?"

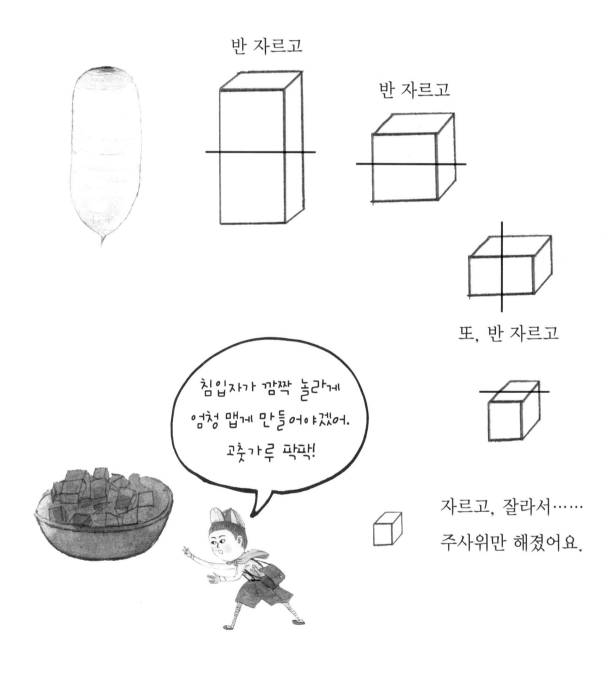

반 자르고

반 자르고

또, 반 자르고

침입자가 깜짝 놀라게 엄청 맵게 만들어야겠어. 고춧가루 팍팍!

자르고, 잘라서……
주사위만 해졌어요.

"이 깍두기는 엄청 매운 고춧가루로 담갔어.
우리 이걸 침입자에게 보낼까?"

"어떻게?"

머리를 싸매고 있을 때 머리빛나 선생님이 나타나서
요술 종이 한 장을 흘리고 사라졌어요.

탐돌이와 똘망이가 요술 종이로 비행기를 만들었어요.

비행기 접는 순서를 잘 보고, 빈칸에 올 그림을 고르세요.

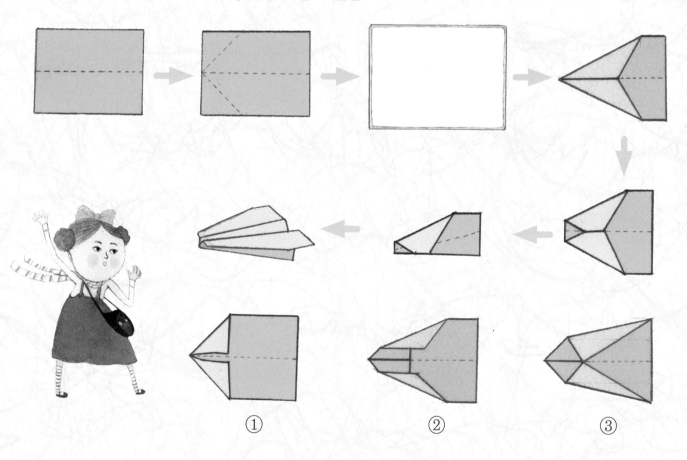

요리사는 비행기에 깍두기를 실어 보냈어요.
엄청 매운 깍두기를 먹은 침입자는
머리끝부터 발끝까지 새빨개졌어요.
그래서 지금까지도 물만 먹고 있답니다.

아이투브레인 Mission 8

step 1 〈보기〉를 잘 보고, 답을 찾아보세요.

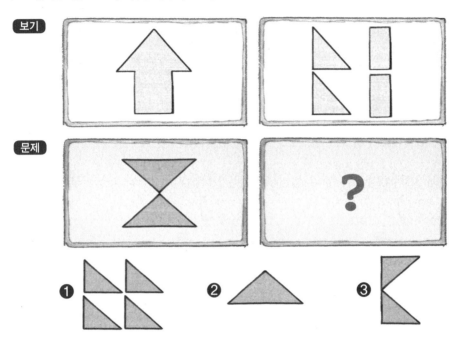

step 2 답을 찾아내기까지 생각의 과정을 꼼꼼하게 짚어 보아요.

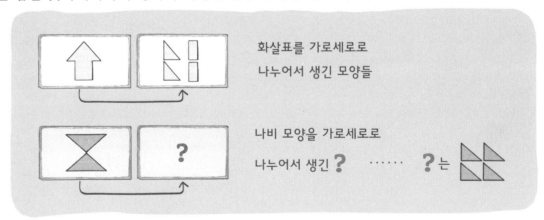

화살표를 가로세로로 나누어서 생긴 모양들

나비 모양을 가로세로로 나누어서 생긴 **?** …… **?** 는

step 3 위에서 정리한 내용을 말로 표현해 보세요.

〈보기〉 왼쪽에 있는 화살표 모양을 가로세로로 나누어서 생긴 것이 오른쪽이에요.

〈문제〉의 빈칸에는 왼쪽의 나비 모양을 가로세로로 나누어서 생긴 것이 와야 해요.

따라서 답은 (   )번이에요.

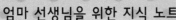
엄마 선생님을 위한 지식 노트

도형 분할

입체이든 평면이든 모든 도형은 잘라서 또 다른 도형으로 만들 수 있어요. 예를 들어, 사각형을 대각선으로 자르면 두 개의 삼각형이 되지요. 입체 도형을 나누면 더 다양한 도형이 나와요. 원기둥을 바닥과 수평하게 자르면 단면이 원이지만, 비스듬하게 자르면 길쭉한 타원이 단면이 된답니다.

아이가 머릿속에서 입체나 평면 도형이 어떻게 나누어지는지 상상하기는 어렵습니다. 우선 종이에 기본 도형인 원, 삼각형, 사각형을 그린 다음, 선을 그어서 도형을 나누어 보게 하세요. 실제로 색종이를 잘라 보면서 관찰해도 좋아요. 과일이나 채소 등을 여러 각도로 잘라 단면을 확인하는 것도 좋은 방법이에요.

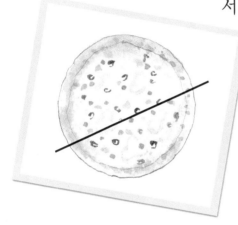

머리빛나 선생님의 핵심 한 줄
도형을 잘랐을 때 어떤 모양이 될지 떠올리기 어려우면 종이나 블록을 가지고 연습해 볼 것

아이 투 브레인 Eye to Brain ①
정답

Mission 1
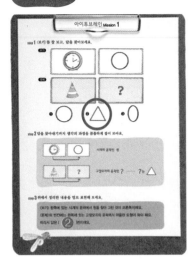

Mission 2
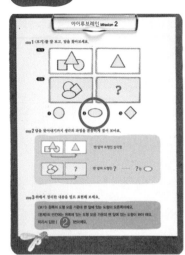

Mission 3
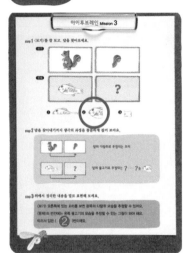

Mission 4
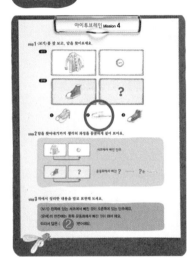

Mission 5
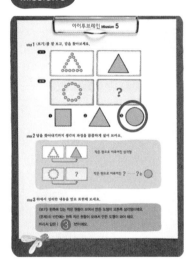

Mission 6
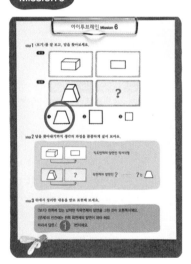

Mission 7

Mission 8

아이 투 브레인 Eye to Brain ❶
붙임 딱지 1

Mission 1 7쪽

Mission 1 13쪽

Mission 4 46쪽

Mission 6 65쪽

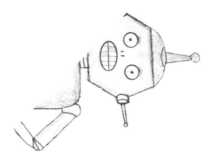

아이 투 브레인 Eye to Brain ❶
붙임 딱지 2

Mission 7 75쪽

Mission 7 79쪽

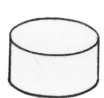

Mission 7 81쪽

아이투브레인 Eye to Brain ❶
붙임 딱지 3

Mission 7 81쪽

Mission 7 87쪽

각 미션을 마친 뒤 해당 자리에 붙이세요.

17쪽 / 27쪽 / 37쪽 / 49쪽

Mission 1 완료 Mission 2 완료 Mission 3 완료 Mission 4 완료

61쪽 / 73쪽 / 83쪽 / 95쪽

Mission 5 완료 Mission 6 완료 Mission 7 완료 Mission 8 완료